如果不遵守交通规则

黄小衡 / 著　棉花糖 / 绘

江西高校出版社

好朋友小美要过生日了，明一想：送小美一件什么样的礼物呢？

吃晚饭时，妈妈告诉明一，晚上七点，小区露天广场要放映电影，物业给每家都送了电影票。

"太好了！"明一举着鸡腿欢呼起来。他很喜欢看狗狗题材的电影，小美也喜欢。

"如果我去请小美一起来看，她一定会很开心的。"

明一抬头看看表，现在刚过六点，还来得及。他做了一个信封，把电影票放在里面，就急匆匆地出门了。

　　小美住在对面的小区。两个小区之间隔着一条大马路，马路两边有许多商店。

明一走出小区，只见马路上人来车往，
十分热闹。

小区门口没有斑马线，明一不能直接过马路。他记得幼儿园老师讲过："过马路要走斑马线。"于是，明一朝不远处的斑马线走去。

明一站在马路边，等对面的红灯变成绿灯。老师讲过："红灯停，绿灯行，黄灯亮了等一等。"

红灯一闪一闪地倒数着：
9，8，7，6……

突然，一只小狗跑到了马路中间。汽车在小狗身边飞驰而过。"小狗危险！"明一急得大喊起来。

一辆车紧急刹车停在了小狗前面，好险呀！

明一冲过去，抱起小狗。

看着周围来来往往的汽车，明一慌了神，不知道该往哪边走。那些白白的斑马线好像变成了鳄鱼的大尖牙，随时要咬向明一和小狗。

明一擦擦头上的汗，看着前面一闪一闪的黄灯，想起老师说过，不能在马路中间停留。

绿灯亮了！明一抱着小狗快速通过了斑马线。

可是，一不小心，装着电影票的信封被风吹走了。
"我的电影票！"明一着急地跑回马路中间，想抓住
电影票。

一辆汽车在明一身前急刹停住，司机探出头来严厉地说："小朋友，不能在马路上乱跑，刚才多危险哪！"

明一的小心脏被吓得
突突乱跳，怀里的小狗也
不安地汪汪叫着。

信封粘在汽车轮胎上被带走了。

明一只好抱着小狗向小美家走去。
"电影票丢了，没法请小美看电影了，
怎么办？"

　　"明一，怎么是你？！"小美
打开门，惊喜地问。
　　"我……我想请你去我们小区
看有关狗狗的电影，可是电影票
丢了……"明一沮丧地说。

"汪汪，汪汪汪！"小狗欢快地
向小美跑去。

"我们有真的狗狗玩，比看电影更好呀！"小美笑眯眯地说。

明一和小美带着小狗在草地上玩飞盘。

明一比画着给小美讲刚才的"马路惊魂"。

小美听了眼睛瞪得大大的，崇拜地看着"救狗英雄"明一。

没有斑马线的路口不能通过。

要站在斑马线外等红绿灯。红灯停，绿灯行，黄灯亮了等一等，不抢行。

要学会看交通信号灯。

绿灯亮起时，要快速通过斑马线，不要在马路中间停留。

黄小衡 / 著

　　黄小衡，儿童文学作家。代表作品有《大船》、《两个小妖精抓住一个老和尚》、《小猫汤米》系列、《淘气包明一》系列、《栀子花开呀开》等。作品曾荣获第三届小凉帽绘本奖银奖，第七届、第八届信谊图画书故事组入围奖；入选父母必读&红泥巴俱乐部中国原创绘本TOP10、悠贝中国原创绘本TOP100等；《大船》入选"纪念改革开放40周年"主题出版作品。

棉花糖 / 绘

　　棉花糖，原名杨怡，女，四川广汉人，80后插画师。自幼喜欢绘画，画风多变细腻，充满幻想色彩。已出版作品有《糖球儿的虫虫王国历险》系列、《淘气包明一》系列、《爱的教育》系列、《花朵开放的声音》系列、《你好时间》等。其中《糖球儿的虫虫王国历险》系列荣获第四届中华优秀出版物奖，并入选"三个一百"原创出版工程。

图书在版编目（CIP）数据

淘气包明一·自我保护. 如果不遵守交通规则 / 黄小衡著；棉花糖绘. —南昌：江西高校出版社，2020.10（2024.5重印）

ISBN 978-7-5762-0283-0

Ⅰ.①淘… Ⅱ.①黄… ②棉… Ⅲ.①安全教育－儿童读物 Ⅳ.①X956-49

中国版本图书馆CIP数据核字(2020)第174348号

淘气包明一·自我保护：如果不遵守交通规则

TAOQIBAO MINGYI ZIWO BAOHU RUGUO BU ZUNSHOU JIAOTONG GUIZE

策划编辑：石 岱	印　　刷：北京瑞禾彩色印刷有限公司
责任编辑：刘 童 石 岱	开　　本：787 mm × 1092 mm　1/12
美术编辑：龙洁平	印　　张：3
责任印制：陈 全	字　　数：43千字
出版发行：江西高校出版社	版　　次：2020年10月第1版
社　　址：南昌市洪都北大道96号（330046）	印　　次：2024年5月第11次印刷
网　　址：www.juacp.com	书　　号：ISBN 978-7-5762-0283-0
读者热线：(010) 64475628	定　　价：19.80元
销售电话：(010) 64460237	

赣版权登字-07-2020-946　　版权所有 侵权必究